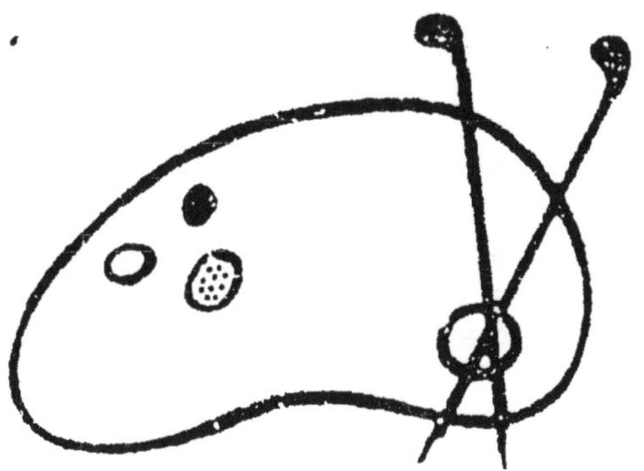

Début d'une série de documents
en couleur

N° 61 Prix : 10 centimes.

LE LIVRE POUR TOUS

MILLE ET UN MANUELS POPULAIRES

HYGIÈNE · DROIT · MINES · BEAUX-ARTS · MÉDECINE · PHYSIQUE · CHIMIE · HISTOIRE · CHASSE · PÊCHE · FINANCE · BOURSE · COMMERCE · MÉTIERS · SCIENCE

SCIENCE

LES TORPILLES ET LES TORPILLEURS

L. BOULANGER, éditeur, 90, boul. Montparnasse, PARIS.

LE LIVRE POUR TOUS

VOLUMES PARUS

1. **Hygiène** : *La santé.*
2. **Médecine** : *Les maladies et les remèdes.*
3. **Science** : *La photographie.*
4. **Littérature** : *La littérature française.*
5. **Géographie** : *L'Afrique française.*
6. **Armée** : *Le service militaire.*
7. **Science** : *L'astronomie.*
8. **Histoire** : *Histoire romaine.*
9. **Horticulture** : *Les fleurs.*
10. **Travaux manuels** : *La couture.*
11. **Hygiène** : *Les falsifications.* Aliments.
12. **Hygiène** : *Les falsifications.* Boissons.
13. **Armée** : *Les écoles militaires.* Saint-Cyr.
14. **Finances** : *Les douanes.*
15. **Enseignement** : *Grammaire anglaise.*
16. **Médecine** : *Anatomie et physiologie.* Appareil digestif.
17. **Économie sociale** : *Les impôts.*
18. **Science** : *Éléments d'arithmétique.*
19. **Littérature** : *La littérature française.* Le XVIe siècle.
20. **Économie sociale** : *L'épargne.*
21. **Droit** : *La justice de paix.*
22. **Géographie** : *L'Europe.*
23. **Économie sociale** : *Les assurances.*
24. **Science** : *L'électricité.*
25. **Beaux-Arts** : *La peinture sur porcelaine.*
26. **Agriculture** : *Les engrais.*
27. **Littérature** : *La littérature française.* XVIIe siècle, 1re période.
28. **Économie domestique** : *La cave et les vins.*
29. **Droit civil** : *Les enfants.*
30. **Science** : *Botanique,* 1re partie.
31. **Hygiène** : *La première enfance.*
32. **Arts d'agrément** : *Les feux d'artifice.*
33. **Science** : *La chimie.*
34. **Horticulture** : *Les arbres fruitiers.*
35. **Droit civil** : *Le mariage.*
36. **Géographie** : *La Russie.*
37. **Agriculture** : *La viticulture.*
38. **Arts d'agrément** : *La pêche.*
39. **Littérature** : *La littérature française.* XVIIe siècle, 2e période.
40. **Science** : *Botanique.* La vie des plantes, 2e part. Fleurs et fruits.
41. **Science** : *Les microbes.*
42. **Arts d'agrément** : *La chasse.*
43. **Géographie** : *L'Allemagne.*
44. **Histoire** : *La France,* 1re partie.
45. **Littérature** : *La littérature française.* XVIIIe siècle.
46. **Science** : *L'homme préhistorique.*
47. **Géographie** : *L'Océanie.*
48. **Littérature** : *La littérature française.* XIXe siècle.
49. **Histoire** : *La France,* 2e partie.
50. **Enseignement** : *Grammaire anglaise.* Syntaxe et prononciation.

POUR PARAITRE EN AOUT

51. **Science** : *Cosmographie,* 1re part.
52. **Science** : *Cosmographie,* 2e partie.
53. **Métiers** : *L'imprimerie.*
54. **Histoire** : *Histoire de France.*
55. **Métiers** : *La typographie.*
56. **Cuisine** : *L'office.*
57. **Travaux manuels** : *Le tricot.*
58. **Cuisine** : *Les viandes,* tome I.
59. **Cuisine** : *Les viandes,* tome II.
60. **Histoire** : *Histoire ancienne.*

Les nécessités du tirage peuvent amener quelques modifications à cette liste. Les 50 volumes suivants seront publiés ultérieurement. La collection comprendra *tout ce qu'il est utile de savoir.* — Chaque mois le dernier volume de la dizaine parue porte la liste de la dizaine à paraître. — Il paraît deux volumes par semaine, le jeudi et le dimanche. — Les dix premiers volumes sont envoyés *franco* moyennant **1 fr. 25** à toute personne qui en fait la demande.

Les personnes qui nous demanderont les dix premiers volumes recevront, à titre de **prime**, un *élégant cartonnage* permettant de lire chaque volume sans le froisser. S'adresser chez l'éditeur. — On peut s'abonner soit chez l'éditeur, soit chez les libraires et marchands de journaux.

Ces volumes se trouvent chez tous les libraires au prix de **10** centimes chacun.

Dans le cas où on ne pourrait se les procurer, l'éditeur reçoit des abonnements au prix de **1 fr. 25** la série de 10 et de **6** francs la série de 50 volumes.

Ces prix comprennent le port. Dans ce cas les volumes sont expédiés **2 à la fois** le samedi de chaque semaine. — Les volumes parus peuvent toujours *être fournis d'un seul* coup et immédiatement.

10 centimes le volume.

LE LIVRE POUR TOUS

Aujourd'hui un livre, quel qu'il soit, ne peut compter sur un grand succès durable que s'il est tellement *bon marché* que tout le monde puisse l'acheter sans compter, s'il est *tellement intéressant* et utile, que tout le monde dise : « *Je veux le lire, l'avoir et le garder.* »

Or il n'y a pas de livres d'un intérêt plus réel, d'une utilité plus pratique et plus constante que ceux qui fournissent des *renseignements précis et complets* sur ce que tout le monde veut savoir et doit connaître.

Mais ces livres d'information et de référence ne sont vraiment bons qu'à la condition d'être des guides toujours sûrs, des conseillers toujours prêts à répondre exactement aux nombreuses questions que l'on a sans cesse à résoudre. Ils doivent être méthodiques, exacts, clairs, faciles à manier, commodes à emporter partout avec soi. Ils doivent en outre constituer dans leur ensemble la meilleure et la plus parfaite des encyclopédies; et en même temps chacune de leurs parties doit former un tout distinct, de telle sorte que celui qui veut se contenter de cette partie unique y trouve tout ce dont il a besoin.

Un dictionnaire ne peut réunir ces avantages : s'il est volumineux, il est cher et par conséquent pas à la portée de tous; s'il est petit, il est restreint, et les articles en sont nécessairement écourtés, incomplets. De plus le dictionnaire renvoie d'un mot à l'autre, il ne peut se lire à la suite, il contient des redites. Les manuels, les traités sont évidemment plus utiles, mais ils sont d'ordinaire d'un prix élevé, surtout quand il s'agit de questions spéciales ou scientifiques ou techniques.

Nous avons pensé qu'il restait à créer une collection réunissant, à la fois, l'utilité des dictionnaires et celle des manuels, et d'un prix si minime que tout le monde puisse se la procurer.

Nous avons donné à cette collection un titre général disant d'un mot ce qu'elle est :

Le Livre pour tous, c'est-à-dire le livre indispensable à tout le monde, le livre auquel on doit avoir recours en toute occasion et qui mérite toute confiance.

Le Livre pour tous donne à tous les connaissances nécessaires à tous. Il est le vade-mecum de toute instruction pratique, le répertoire de toutes les sciences usuelles.

Le Livre pour tous est le livre de tous ceux qui travaillent, qui étudient, qui s'informent, qui veulent s'éclairer, c'est-à-dire tout le monde.

Ce qui distingue notre collection de toutes celles que l'on a publiées dans le même genre et ce qui fait sa supériorité sur toutes les compilations adressées aux lecteurs sous prétexte de vulgarisation, ce qui doit lui donner la préférence sur les dictionnaires et les manuels, c'est, nous le répétons :

1° Le *bon marché*. Chacun de nos volumes ne coûte que 10 centimes, et contient comme texte le tiers d'un volume ordinaire de 300 pages vendu 3 fr. 50 et même de 4 à 6 francs.

2° L'*abondance et l'exactitude des renseignements*. — Chacun de nos volumes est rédigé avec le plus grand soin par des auteurs compétents d'après les travaux les plus récents et les plus autorisés.

3° La *commodité du format*. — Chacun de nos volumes peut facilement tenir dans la poche, on peut l'emporter avec soi à la promenade, le lire en voiture, en omnibus, en chemin de fer.

4° La *clarté du texte*. — Les volumes sont imprimés en caractères neufs, lisibles sans fatigue, et les matières sont disposées de telle sorte que d'un coup d'œil on trouve ce que l'on cherche.

5° La *valeur documentaire*. — Chaque volume forme un tout; mais l'ensemble des volumes forme une encyclopédie. Dans chaque volume, chaque sujet est traité à fond. De plus chaque volume est accompagné de documents, de tables de références, de tables statistiques, etc., qui sont d'un usage précieux.

Il suffit d'avoir sous les yeux un seul de nos volumes pour se rendre compte de l'importance de notre collection et des services qu'elle rend.

Tous les volumes de la collection sont rédigés avec le même soin, d'après la même méthode et dans le même but d'utilité.

N. B. **Le Livre pour tous** *peut être mis dans toutes les mains. C'est la meilleure récompense à donner aux élèves dans toutes les écoles. C'est la collection la plus utile à tout le monde.*

L'éditeur-gérant : L. BOULANGER.

Sceaux. — Imp. Charaire et Cie.

Fin d'une série de documents
en couleur

TORPILLES ET TORPILLEURS

LES TORPILLES ET LES TORPILLEURS

La torpille est l'ennemi le plus redoutable des vaisseaux cuirassés, on pourrait presque dire que c'est leur seul ennemi ; car, jusqu'à présent, à part les accidents : incendies, collisions, explosions de machines et autres, qui ont sévi sur les navires de guerre comme une épidémie, on n'a guère pu constater d'autres cas de destruction que ceux produits par les torpilles.

C'est le combat du lion et du moucheron, mais c'est le moucheron qui reste maître du champ de bataille, d'autant qu'il n'est pas rare de voir un gigantesque cuirassé battre en retraite devant un minuscule bateau torpilleur.

Et, du reste, il n'y a pas autre chose à faire ; car si merveilleusement qu'ils soient outillés pour l'attaque et la défense, les vaisseaux les plus formidables ne peuvent rien contre une torpille déjà placée, sinon de l'éviter.

Et ils n'y réussissent pas toujours, malgré les immenses et pesants filets d'acier dont ils se chargent, au point de s'immobiliser presque complètement.

Ce engin destructeur, dont tout le monde connaît les terribles effets, non seulement par les relations théoriques, ou le récit des expériences, mais encore par les exploits récents de notre marine dans les mers de la Chine, — la torpille, — n'est pas d'origine aussi récente qu'on pourrait le croire.

Sans remonter jusqu'au siège de la Rochelle (1628), où il est certain que les Anglais employèrent contre la flotte française des pétards flottants, munis d'un ressort pour en déterminer l'explosion au premier choc, on peut en attribuer l'invention à l'Américain David Bushnel qui en fit un certain nombre pour agir contre les Anglais pendant la guerre de l'Indépendance.

L'Angleterre se récria naturellement, et déclara que l'emploi de ces mines sous-marines était une barbarie, et une violation du droit des peuples.

Mais quand elle en eut fait supprimer l'usage, elle subventionna Fulton pour perfectionner ces engins, auxquels l'inventeur américain donna le nom de torpilles, emprunté à cette espèce de poisson, qui jouit du privilège singulier de se défendre contre ses ennemis par des décharges électriques.

L'appareil de Fulton consistait : en un corps flottant, rempli de poudre et muni à l'intérieur d'une platine de fusil, destinée à en opérer l'inflammation par le moyen d'un mouvement d'horlogerie, monté d'avance, et dont le déclanchement, aussi lent que possible, commençait au moment où l'on glissait cette petite machine infernale, sous le navire qu'il s'agissait de faire sauter.

Des expériences qui eurent lieu en 1805, devant les lords de l'amirauté, eurent un plein succès, car avec 180 livres de poudre on fit sauter un brick qui fut dispersé en débris.

Cela n'était pourtant pas concluant, car la difficulté n'est pas de détruire un vaisseau par une explosion de poudre, mais d'arriver à y attacher la torpille et à pouvoir y mettre le feu sans sauter avec.

Fulton crut l'avoir vaincue en faisant porter ses torpilles par des chaloupes armées de gros fusils, qui lançaient des harpons dans le flanc des navires ennemis.

Ce harpon était muni d'un cordage coulant, que l'on n'avait qu'à tirer pour faire immerger la torpille à destination.

Combinaison parfaite en théorie, mais si contingente en pratique qu'on abandonna ce système qui ne fut repris avec quelque succès, que lorsque le colonel Samuel Colt eut imaginé, en 1848, d'employer l'électricité pour déterminer l'explosion des torpilles à grande distance.

La découverte du fulmicoton, puis de la dynamite, apporta successivement des perfectionnements dans la construction des torpilles, et leur donna peu à peu la puissance formidable qu'elles ont acquise aujourd'hui.

Les Russes furent les premiers qui s'en servirent en 1848, pour la défense du port de Kiel, puis en 1854, à Cronstadt et à Sébastopol; à leur exemple, les Autrichiens en placèrent dans les passes du port de Venise.

Mais ce n'étaient là que des engins défensifs, qui eurent peu d'effet d'ailleurs; les vraies torpilles offensives ont été expérimentées en grand et poussées à leur premier perfectionnement, pendant la guerre de Sécession d'Amérique.

Les Américains, toujours gens de progrès, s'ingénièrent à la fabrication de ces machines infernales dont le succès fut constaté par la destruction de vingt-cinq navires ou monitors.

Trois sortes de torpilles défensives furent adoptées, pendant cette guerre, et restèrent à peu près comme les modèles du genre.

Ce sont : les torpilles de barrage servant à fermer les passages étroits ou peu profonds, les torpilles flottantes qu'on semait avec profusion sur le chemin que devaient parcourir les navires ennemis.

Elles étaient très variées de forme et de capacité, mais toutes fabriquées par le même système, c'est-à-dire devant éclater par le contact des navires.

Quant aux torpilles électriques, employées surtout à la défense des ports, ce n'étaient ni des barils, ni des caisses en bois, ni tout autre objet d'apparence inoffensive; on ne les voyait point parce qu'elles étaient immergées assez profondément; et elles se composaient invariablement d'une caisse en tôle de chaudière à vapeur, soigneusement revêtue et boulonnée et contenant une charge de fulmicoton ou de dynamite, dont on commandait l'explosion au moyen d'un fil électrique attaché au rivage ou sur un bateau en station dans le port.

Pour les torpilles offensives, il n'y avait pas de système spécial, ou plutôt il y en avait autant que d'inventeurs, et ce n'était pas ce qui manquait à une époque où l'Amérique dépensait toutes ses forces intellectuelles et financières à produire des engins de guerre.

Les plus connus furent les béliers-torpilles employés surtout à Charleston et à Richmond, et les *Davids*, petits bateaux ainsi nommés par allusion aux Goliaths marins, qu'ils étaient chargés de combattre, et qu'ils ne combattaient naturellement que par la ruse, car les uns comme les autres avaient pour mission de placer des torpilles sous les vaisseaux ennemis et de les faire éclater soit par le contact, soit à plus grande distance, au moyen de l'électricité.

Ce qui était d'autant plus facile aux derniers, que c'étaient des bateaux sous-marins, qu'on pouvait couler à une profondeur voulue, d'où ils passaient sous les navires à l'ancre, traînant une torpille flottante, qui éclatait par le contact, au moment où elle s'embarrassait dans la quille de l'ennemi.

Ces bateaux qu'on appela aussi bateaux-cigares à cause de leur forme, avaient été inventés à Philadelphie par un ingénieur français, M. Villeroi, de Nantes.

L'expérience que l'on fit de son modèle en 1862 eut un grand retentissement et tout le monde s'accorda pour reconnaître que c'était la tentative la mieux conçue dans le domaine de la navigation sous-marine.

Outre ce bateau sous-marin et d'autres qui suivirent, les Américains en imaginèrent un autre qu'ils appelèrent : le *Bateau-Torpille*.

C'était bien le nom qui convenait à cet engin destructeur, puisqu'il n'avait d'autre but que de se placer sous les navires ennemis et de les faire sauter au moyen de torpilles lancées par un puissant projecteur électrique.

Pour cela, ce bateau, qui avait douze mètres de long sur deux de large, était couvert d'une cuirasse de fer d'un quart de pouce d'épaisseur qui le fermait de partout, pour que son immersion fût sans danger.

Au centre était une machine à vapeur faisant mouvoir une hélice, et l'équipage pouvait être tenu au courant de la manœuvre de l'ennemi par l'orifice d'une guérite en verre très épais, destinée à loger le timonier et la vedette.

Malheureusement, ce navire qui aurait pu être très redoutable, ne fit de mal qu'à lui-même, car sa chaudière ayant éclaté en tuant trois hommes de l'équipage, il s'engloutit dans les flots.

Nous pourrions citer nombre d'autres bateaux sous-marins, mais ce serait empiéter sur une brochure de cette collection qui les étudiera en détails, et cela nous éloignerait de notre sujet sans faire faire un pas à la question.

Revenons donc aux torpilles proprement dites, et comme on n'attend pas de nous l'historique de leurs exploits destructifs, donnons une idée des différentes variétés de l'espèce, ou du moins de celles qui sont connues, car il y a eu beaucoup d'inventeurs et chaque puissance maritime doit avoir au moins un secret en réserve.

Elles se distinguent d'abord par leur usage, puis par leur forme, et enfin par leurs moyens explosifs.

Ainsi, il y a des torpilles fixes, soit retenues par une ancre ou par un pieu; des torpilles flottantes, particulièrement en usage dans les fleuves au courant rapide; des torpilles de remorque qui sont convoyées par un canot et mises en place au moment opportun; et des torpilles de lancement, qu'on emmagasine maintenant dans la cale des navires cuirassés et qu'on jette sur l'ennemi comme un projectile.

Les unes éclatent par le contact, c'est généralement le cas des torpilles flottantes; d'autres au moyen de l'électricité ou à l'aide d'un appareil percuteur, mû par l'eau même.

Etudions maintenant les différentes formes, en partant de la torpille originaire, la torpédo américaine dont nous trouvons la description dans le *Moniteur de l'armée.*

« Une torpédo est une caisse en étain affectant la forme d'une grande bouilloire, de la capacité de 45 à 50 litres et divisée en deux parties au moyen d'une

Le *Bateau-Torpille,* construit par les confédérés, pour faire sauter les bâtiments fédéraux.

; Sabords — 2. Kleets, — 3. Cheminée, — 4. Couverture de la machine. — 5. Guérite pour le pilote et le timonier

séparation transversale, la partie inférieure sert de chambre à air, la supérieure ou la plus étroite reçoit la charge. Une verge en fer en contact avec la poudre, est coiffée d'une capsule ; le marteau destiné à la faire éclater est fixé à l'extérieur de la caisse d'étain et traverse un ressort en spirale qui le met en mouvement.

« Quand la torpédo est immergée, le marteau est dressé et une cheville le maintient dans cette position. A cette cheville est attaché un flotteur au moyen d'une petite corde. On comprend le reste : aussitôt qu'un navire touche la corde ou le flotteur, la cheville tombe ; le marteau dégagé s'abat sur la capsule, l'explosion a lieu et le bâtiment, plus ou moins entamé au-dessous de la flottaison, coule aussitôt. »

Cet engin a bientôt été abandonné par les Américains eux-mêmes, et remplacé par la bombe sous-marine de Beardilee, qui la première prit le nom de torpille.

C'était un cylindre qui fut de bois d'abord et ensuite de métal, chargé naturellement de poudre ou d'autre matière explosive, et dont l'extrémité contenait un morceau de graphite auquel on mettait le feu au moment voulu, par un fil électrique; pour cela il suffisait de faire passer les deux fils du circuit à travers le cylindre et le courant dégagé allumait la composition fulminante.

C'était là la torpille que l'on posait avec les bateaux sous-marins dont nous avons parlé.

C'est encore, ou à peu près, la torpille défensive moderne, mais nonla seule en usage, car bien que les engins de contactaient de graves inconvénients, quelques-uns sont encore employés, notamment la torpillle Punshow, et la torpille turque.

La torpille flottante Punshow se compose d'une enveloppe de cuivre ayant la forme de deux cônes superposés.

Cette enveloppe chargée de matière explosible, le plus souvent de dynamite, est entourée d'un cercle hérissé d'amorces fulminantes et disposé de façon à flotter toujours horizontalement

La torpille posée, si la quille d'un navire la rencontre,

elle touche une ou plusieurs amorces et l'explosion a lieu.

Cette torpille a le défaut d'être aussi dangereuse pour

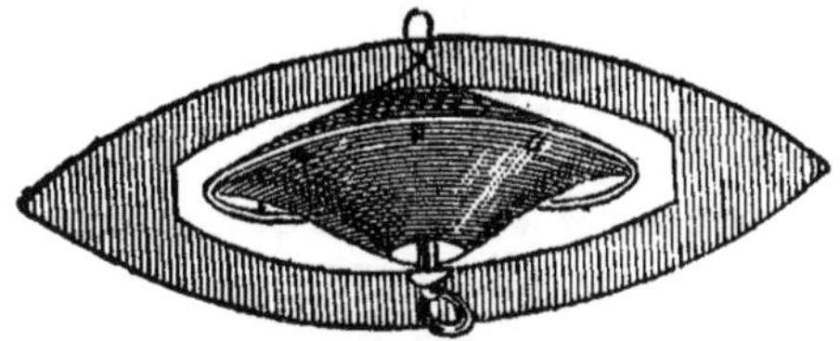

Torpille flottante Punshow.

les vaisseaux amis que pour les ennemis, car si elle a été sans effet, elle reste dans le port comme une menace continuelle.

C'est le cas de presque tous les engins de contact, et notamment de la torpille turque (nous l'appelons ainsi par-

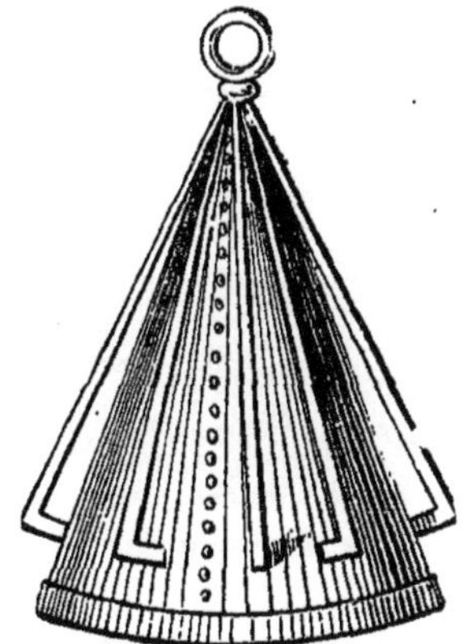

Torpille en cône.

ce qu'elle a surtout été employée par la marine de ce pays).

C'est une torpille fixe destinée à être immergée pour la défense des côtes ; sa forme est celle d'un vaste éteignoir, additionné de côtes formées par des tiges mobiles qui se terminent par un système percuteur, ce qui fait qu'elle éclate forcément aussitôt qu'un corps d'une certaine résistance entre en contact avec une de ses côtes.

Pour les torpilles offensives, il y a de nombreux systèmes que l'on peut diviser en quatre classes · les torpilles remorquées, les torpilles portées, les torpilles lancées ou automobiles et les torpilles dirigeables.

Les torpilles remorquées sont aussi appelées divergentes parce que, tenues à distance et hors du sillage du navire qui les remorque, elles peuvent-être amenées par des manœuvres convenables à s'engager sous les carènes des navires ennemis.

Le type des engins de ce genre est la torpille Harwey qui rappelle un peu les premiers engins américains. C'est

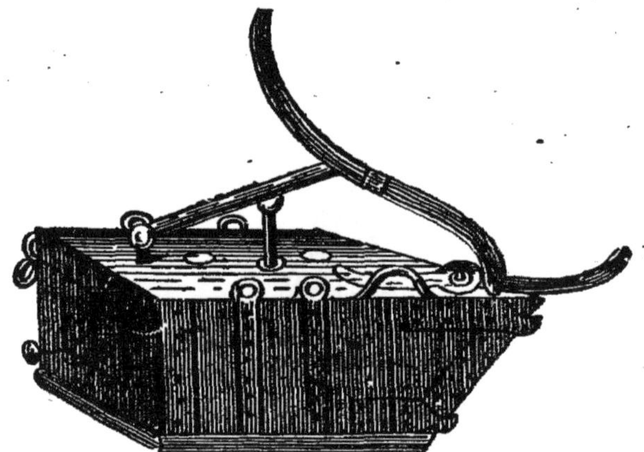

Torpille de remorque Harwey.

une espèce de caisse dont l'aspect donne d'abord l'idée d'une vaste souricière, grâce au levier qu'elle porte à sa partie antérieure et qui, relevé lorsque la torpille est chargée, retombe de façon à écraser la capsule qui provoque l'explosion au moindre choc de l'appareil.

Toute la question consiste à obliger les navires ennemis à passer dessus ; pour cela, la torpille, rendue plus flottante par l'addition d'une plaque de liège, est

Pose d'une torpille défensive par un canot à vapeur.

remorquée, à l'extrémité d'un long câble (70 brasses), par un petit bateau à vapeur qui manœuvre pour l'engager dans la quille du vaisseau ennemi.

Le torpilleur 45 coulant le croiseur chinois *Fu-sing*.

La torpille *portée* est plus spécialement une torpille d'attaque ou de lancement, qui est ainsi nommée parce qu'elle est portée directement par un bateau, contre les flancs du navire à détruire ou de l'obstacle à faire sauter.

C'est celle qu'on a employée pour détruire les barrages des rivières du Tonkin, celle aussi qui servit à Foutchéou.

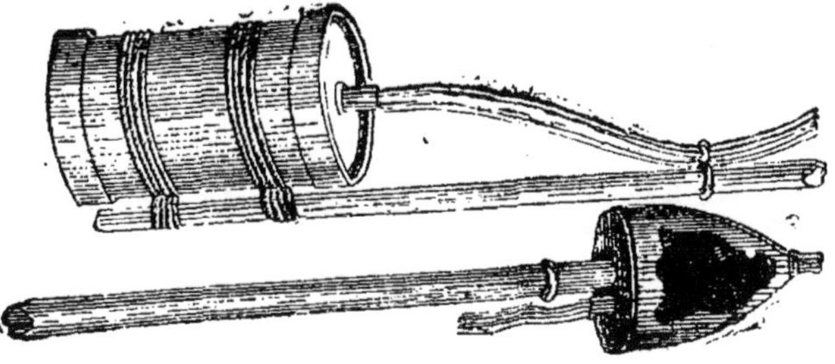

Torpille à cylindre.

« L'expérience a prouvé, dit le lieutenant-colonel Hennebert, qu'on peut tirer sans danger des torpilles de 25 à 30 kilogrammes de poudre de guerre, pourvu que cette charge se trouve à 6 mètres de l'embarcation de l'opérateur, et qu'elle soit submergée par 2^{m},50 d'eau. On peut faire jouer dans les mêmes conditions des torpilles de 6 à 7 kilogrammes de dynamite ou de 10 à 12 kilogrammes de fulmicoton. Or, de telles charges sont suffisantes en la plupart des cas.

« L'enveloppe d'une torpille portée se confectionne en cuivre ou en tôle mince ; on lui donne ordinairement une forme cylindrique ou cylindro-ogivale. L'organisation de cette carcasse légère comporte un trou de charge, un trou d'amorce et un inflammateur à antennes. La mise du feu peut être automatique, électrique ou électro-automatique. Ce dernier mode, impliquant un jeu d'antennes formant circuit, constitue le vrai procédé du combat ; c'est celui qui se prête le mieux aux attaques debout au bois. »

La torpille portée est emmanchée au bout d'une assez longue perche, fixée elle-même à une tige de fer articulée, pour faciliter la manœuvre, qui se fait de la façon suivante :

Le bateau torpilleur, qui est le plus souvent une

simple chaloupe à vapeur, est muni à son avant d'une poutre carrée, d'environ dix centimètres de côté, posée à peu près comme un mât de beaupré et qu'on appelle buttoir, parce qu'elle est destinée à arrêter le bateau à une distance du navire ennemi, calculée pour que l'immersion de la torpille puisse se faire vite et sans encombre.

La torpille est alors emmanchée dans la tige de fer coudée et fixée à l'avant du bateau.

Dès qu'on approche du navire, on pousse le levier, qui fait décrire à la perche un arc de cercle amenant la torpille à $2^m,50$ au-dessous de la ligne de flottaison, et, au moment ou le buttoir touche le navire à attaquer, on tire le cordon tire-feu, le fulminate s'enflamme, la torpille éclate et ouvre, dans les œuvres vives du vaisseau, une voie d'eau suffisante pour le faire sombrer en quelques minutes, à moins qu'on ait pu choisir assez bien la place de la torpille pour que son explosion atteigne la sainte-barbe de l'ennemi, auquel cas il saute au lieu de couler, ce qui ne change rien au résultat final.

Avec le bateau torpilleur spécial, inventé par l'amiral de Chabannes, la manœuvre est plus facile en ce que la torpille, placée à l'intérieur du bâtiment et dans un plan incliné, est poussée par un mécanisme qui remplace fort avantageusement le levier.

Ce bateau, bien dépassé aujourd'hui par les nouveaux types destinés aux torpilles automobiles, est très bas sur l'eau, suffisamment blindé pour que les hommes soient à l'abri de la mousqueterie, et muni de deux éperons, l'un à la quille, de quatre à cinq mètres de longueur, l'autre à l'étrave, beaucoup plus court et garni d'un tampon.

Quand le torpilleur attaque le vaisseau ennemi, il se précipite dessus ; son éperon en sous-œuvre fait un trou par lequel il lance sa torpille, pendant que le tampon de son éperon d'étrave, faisant ressort, le repousse vivement en arrière, et, lui donnant de l'élan pour sa fuite, lui permet de mettre rapidement le feu à la torpille au moyen de son câble électrique.

Théoriquement, cela paraît tout simple, parce qu'on

Bateau torpilleur français.

ne voit que la manœuvre et point les obstacles que l'ennemi y opposera; mais dans la pratique c'est tout autre chose, et l'on se rendra compte des immenses dangers que court un torpilleur quand on aura lu les lignes suivantes du commandant Gougeard, ancien ministre de la marine, et qui forment les pages les plus saisissantes de sa brochure : la *Marine de guerre*.

Il s'agit de l'attaque d'un cuirassé par un torpilleur, en plein combat.

« Le rôle du torpilleur est terrible, dit-il; ceux qui le mènent courent le plus grave danger. Un seul des gros boulets de l'ennemi peut le mettre en pièces, et quand il l'approchera, la mitraille et la mousqueterie feront à son bord de funestes ravages. Aussi l'embarquement à bord d'un torpilleur est-il un brevet de bravoure. Vous imaginez-vous cet officier, commandant un torpilleur, qui reçoit l'ordre d'aller couler un bâtiment ennemi? Tout est danger pour lui. La mer, qui le cache et le protège dans la première partie de son expédition va peut-être dans un instant rouler son cadavre. Son adversaire va le cribler d'une pluie d'acier, de fonte et de plomb. Cette torpille même, qui porte la terreur avec elle, pourra être touchée par un projectile et éclater en faisant sauter le torpilleur même.

« Le combat est commencé. Les bâtiments de l'escadre ont ouvert le feu. Les obus pleuvent de tous côtés. Un de nos croiseurs, canonné à tribord par un fort de douze canons Krupp, est attaqué à bâbord par un cuirassé ennemi. Déjà il a subi de graves avaries et sa position devient critique. Un signal monte au mât du bâtiment amiral et le torpilleur se met en marche. L'ennemi aux aguets voit le mouvement. Il sait le danger qui le menace et concentre aussitôt tout son feu sur ce petit point gris qui avance rapidement vers lui. Trois milles les séparent, et il ne faut au torpilleur que dix minutes pour les franchir. S'il n'est pas coulé avant d'avoir parcouru cette distance, la cuirassé est perdu. Aussi les canonniers pointent-ils leurs pièces avec un soin minutieux. Les premiers obus passent assez loin, mais le tir est rectifié, et maintenant ils tombent si près du torpilleur qu'ils projettent l'eau à son bord. En voici un qui tombe droit sur l'avant. Une gerbe d'eau haute de dix mètres cache le torpilleur ; l'ennemi le croit coulé et pousse un immense hourra ! Mais le projectile a ricoché et passe par-dessus. La gerbe retombe en pluie, et le brave petit navire apparaît, ruisselant d'eau comme s'il sortait du fond de la mer, et courant toujours de toute sa vitesse au-devant d'une nouvelle menace de mort.

« Ils sont neuf en tout à bord de ce petit bâtiment, et ils vont attaquer une sorte de léviathan que monte un nombreux équipage. Ce n'est pas la lutte d'un contre dix, mais d'un contre cent.

« Pas un mot n'est prononcé, en dehors des commandements nécessaires. Ces hommes que la mort touche du doigt sont silencieux et recueillis. Et n'allez pas croire qu'ils soient insouciants du danger. Ils ne songent, au contraire, qu'à cela. Mais entendons-nous, il ne s'agit pas de *leur peau*, mais du succès de l'entreprise. Il faut que la torpille aille mordre les flancs du navire ennemi et que notre croiseur soit dégagé. Après, si on coule, tant pis !

« Tous les yeux sont fixés, tous les nerfs sont tendus vers le but à atteindre. On en n'est plus qu'à cinq cents mètres. La mitraille se mêle aux obus et balaye le pont. Tout ce qui est en bois est haché par les biscaïens. Un feu nourri de mousqueterie part des hunes de l'ennemi, et les balles, passant par les rares ouvertures, ont déjà mis trois hommes hors de combat. Ils sont là couchés dans le coin où ils ont pu se traîner, car on n'a pas le loisir de penser à eux, et on ne pourra s'occuper des blessés que dans deux minutes, quand le sort de tous sera décidé.

« Le torpilleur va toucher au but. Le succès de l'expédition est assuré, car le tir des obus est impuissant à cette faible distance. La mousqueterie ne peut couler le torpilleur, elle ne peut que lui tuer du monde... ça n'est pas une affaire !

« C'est maintenant que le capitaine doit avoir du coup-d'œil et du sang-froid, que ses hommes doivent exécuter ses ordres avec la rapidité de l'éclair, car la torpille lancée une seconde trop tôt manquera son effet foudroyant, et si on tarde d'une seconde, le petit bâtiment ira se briser, avec une vitesse vertigineuse, contre les flancs de son puissant adversaire.

« On touche presque au navire ennemi. Les grenades lancées à la main rebondissent en éclatant. Un homme est tué, le capitaine reçoit une horrible blessure à la face; mais, se raidissant par un sublime effort, se cramponnant à la muraille, il reste encore debout. Livide, inondé de sang, effrayant de calme et de courage, l'œil toujours fixé sur l'ennemi :

« — Attention!... Envoyez!!!

« Le terrible engin est lancé. Une vague énorme se produit et un sinistre craquement se fait entendre, suivi d'un cri de détresse. Le pygmée a vaincu le géant!

« — Tribord tout! — Et le petit navire, évoluant rapidement sur lui-même, s'éloigne à toute vitesse pendant que le cuirassé ennemi s'abîme dans les flots.

« Dix minutes après, il se retrouve à son poste auprès de l'amiral, qui fait appeler le capitaine pour le féliciter. On le lui porte sur une civière. Pendant ce temps, le combat continue. Un nouvel effort va peut-être devenir nécessaire. Rapidement, on désigne un capitaine provisoire et quatre hommes pour compléter le petit équipage, et voilà le torpilleur prêt à remplir une nouvelle mission : il vient d'embarquer de nouveaux héros. »

Le mot n'a rien d'excessif; il faut, en effet, des héros pour manœuvrer les torpilles portées. Aussi les Anglais, gens plus pratiques qu'héroïques, ont-ils inventé d'autres systèmes, notamment la torpille *Whitehead*, qui est le type des engins automobiles.

Elle consiste en une carcasse en acier malléable, affectant la forme d'un cigare, de 4 à 5 mètres de longueur sur 30 centimètres de diamètre, et divisée intérieurement en trois compartiments étanches. Celui de l'avant renferme le fulminate qui doit déterminer l'explosion et une charge d'environ 10 kilogrammes de dynamite, et celui de l'arrière l'air comprimé qui actionne la machine de direction, contenue dans le compartiment du milieu.

Torpilles Whitehead.

Cette petite machine, très ingénieuse, se compose de deux cylindres qui mettent en mouvement un arbre de couche terminé par une hélice, montée comme celle des navires à vapeur.

Pour pouvoir maintenir la torpille en droite ligne sur l'objet que l'on attaque, le mouvement de la machine directrice est à oscillation, et le compartiment où elle est renferme aussi deux poids suspendus en équilibre ; de cette façon, si la torpille dévie dans sa marche, l'équilibre des poids se trouve rompu, et l'un ou l'autre de ces poids frappe un levier qui, communiquant avec des ailerons placés à l'arrière de la torpille, au-dessous de l'hélice, fait alors l'office de gouvernail ; car l'aileron, mis brusquement en mouvement dans une direction contraire, ramène la torpille dans la ligne droite.

Comme on le voit, la torpille Whitehead, n'éclatant que par le contact, se lance à peu près comme un projectile, soit du rivage, soit d'un navire, soit même d'une embarcation légère, au moyen d'un tube pneumatique disposé pour lui donner une telle impulsion qu'elle peut se mouvoir sous l'eau avec une vitesse d'environ 25 milles marins à l'heure; il est vrai qu'à cette vitesse on ne peut guère lui faire parcourir plus de 200 mètres dans l'eau. Mais si on ne lui impose qu'une vitesse de 10 milles marins à l'heure, elle peut fournir une course de 1,400 à 1,600 mètres.

Avec cet engin terrible qui a un grand défaut au point

Les tubes pneumatiques pour torpilles Whitehead.

de vue pratique — celui de coûter cinq mille francs, sans être aussi sûr que la torpille portée, — il n'est donc plus absolument nécessaire d'avoir des bateaux spéciaux pour approcher l'ennemi, et on peut l'installer sur des avisos légers et même sur des cuirassés. Ce que l'on fait, du reste, maintenant que presque tous les navires blindés ont des tubes lance-torpilles.

Cependant on s'ingénie à construire des torpilleurs proprement dits et l'on n'en a jamais tant vu que depuis qu'on les dit moins indispensables.

Toutes les puissances maritimes ont maintenant leurs torpédos plus ou moins pourvus de vitesse et affectant des formes variées, qui se rapprochent pourtant sensiblement de la corvette aviso sans mâture.

Les Allemands ont été, s'ils ne le sont encore, très

fiers de leur type *Uhlan*, fort bien compris du reste, quoique un peu large pour sa longueur et sur le modèle duquel ils ont déjà construit d'autres torpédos.

C'est un aviso de grande vitesse actionné par une machine à vapeur de 1,000 chevaux qui met en mouvement une hélice unique, mais d'un diamètre de trois mètres, et abritée par une protection métallique, sous-marine naturellement, puisque le navire est très bas sur l'eau, pour pouvoir lancer efficacement ses torpilles.

Ce qu'il y a de particulier dans la construction du *Uhlan*, c'est qu'il est à double coque : cette précaution est prise pour le cas où, la première venant à être endommagée par l'effet du choc avec un navire ennemi, la seconde soit suffisante à assurer sa navigabilité.

Ces deux coques ne sont pas adhérentes, comme on le pense bien, car alors elles ne rempliraient pas leur but, mais le vide qui est entre elles deux est comblé par un muraillement de liège fixé au bord intérieur par de la colle forte marine.

Malgré cette précaution, le torpédo prussien porte à son bord un bateau de sauvetage construit à double coque de la même façon, et qui est à deux fins ; c'est-à-dire qu'il peut servir à placer des torpilles à bout d'espars, et offrir un refuge à l'équipage en cas d'avaries graves, conséquences naturelles d'un combat.

Les Italiens, les Russes, sont moins préoccupés de faire du nouveau en fait de torpédos, par la raison qu'ils installent leurs machines à lancer les torpilles sur leurs monitors et leurs gardes-côtes.

En Angleterre, on a beaucoup parlé du *Lightning*, navire porte-torpille qui devait faire merveilles : mais essayé en 1878 sur la Tamise, il n'a parcouru que 45 milles en 2 heures 40 minutes, ce qui ne fait encore que 18 milles à l'heure, vitesse très grande pour un cuirassé, mais dépassée par nos torpilleurs français.

On a reporté alors les grandes espérances sur le bateau porte-torpille inventé par l'amiral Sartorius et qui est resté longtemps à l'état de projet.

Ses dimensions sont moyennes, mais il est étroit relativement à sa longueur, ses extrémités sont très fines et armées toutes les deux d'un éperon destiné à agir par le choc. Sa forme est conique à peu près comme une toupie dans sa partie inférieure, et ovoïde dans sa partie supérieure, c'est-à-dire que ce qui représente le pont est suffisamment convexe pour ne pas redouter le choc des projectiles ennemis.

Du reste, cette partie supérieure est blindée avec des plaques d'acier de 76 millimètres d'épaisseur, cuirasse légère dans les deux acceptions du mot et permettant de compter sur une grande vitesse.

Ce bateau ne porte pas de canons, mais à chacune de ses extrémités est un appareil à torpilles et au milieu, deux tubes pneumatiques pour lancer des torpilles Whitehead.

Toutes choses bien comprises, mais qui n'ont pas dû donner des résultats bien brillants, car les Anglais, qui ne négligent pas de tambouriner leurs succès, en ont à peine parlé.

Chez nous, il y a maintenant plusieurs types, car on n'a pas détruit les bateaux qu'on a construits à Cherbourg, non pas précisément pour les torpilles Whitehead mais qui sont très propres à les lancer, de 15 à 20 mètres de longueur, et sont actionnés par des machines à vapeur qui varient entre la force de 40 à 130 chevaux.

Les plus puissants ont deux hélices indépendantes pouvant faire 400 tours à la minute, ce qui donne une vitesse moyenne de 17 à 18 nœuds, obtenue surtout grâce à ce que leur carène ne présente aucune saillie à l'intérieur, les têtes de rivets étant abattues à la lime.

Parmi les plus modernes, il y a sinon deux types, du moins plusieurs dimensions, mais tous ces torpilleurs sont, comme le n° 68, qui s'est montré à Paris, en faisant, par les rivières, le trajet du Havre à Toulon, de petits avisos sans mâture, sorte de bateaux-poissons, très allongés pour mieux filer, très bas sur l'eau pour donner moins de prises aux projectiles ennemis et cuirassés bien légèrement pour conserver beaucoup de vitesse ; car c'est le grand point.

Les torpilleurs de ce type, construits sur les plans et dans les ateliers de M. Normand, l'éminent ingénieur du Havre, ont 33 mètres de longueur et sont aussi peu larges que possible.

La largeur extrême du 68 est de 3m,28, sa profondeur de carène de 2m,62 ; il cale en moyenne 1m,10, mais à l'arrière 1m,94 ; il pèse tout armé 49,820 kilogrammes dont 18,300 pour la coque, 5,100 pour la machine et 7,700 pour la chaudière.

La coque, en acier, est divisée en dix compartiments étanches, c'est-à-dire disposés de telle sorte que, soit par suite d'accident, soit par l'effet d'un projectile qui le trouerait, l'un de ces compartiments pourrait s'emplir sans que l'eau se répandît dans les autres.

Ces compartiments sont, en partant de l'avant : 1° le coqueron, espèce de soute où l'on arrime les menus objets d'approvisionnement ; 2° la chambre des torpilles, où sont aménagés les tubes lance-torpilles ; 3° le poste de l'équipage, comprenant aussi tout le matériel de la manœuvre des torpilles, plus une seconde barre, dont on se sert pour gouverner quand le torpilleur fait machine en arrière, ou lorsqu'on veut faciliter l'évolution de l'embarcation.

Les quatre compartiments du milieu sont réservés aux chaudières, à la chambre de chauffe, à la machine et à la soute au charbon.

La chaudière, type locomobile, chauffe à la pression de 8 k. 500 ; la machine est du système Compound, à pilon, et naturellement, à deux cylindres ; elle développe une puissance de 320 chevaux qui permet d'obtenir la vitesse de 20 nœuds, c'est-à-dire trente-sept kilomètres à l'heure, quand la chauffe est bien conduite.

Pour activer le tirage, la chambre de chauffe est disposée pour se fermer hermétiquement, et l'air y est puissamment comprimé par des ventilateurs. Ce système donne le tirage forcé qui développe les grandes vitesses, mais rend très pénible et quelquefois dangereux le service des hommes des machines.

Les trois compartiments d'arrière sont le logement du capitaine (avec couchette, table, armoire et cabinet de toilette), le poste des maîtres et un dernier coqueron servant de magasin.

L'équipage, qui habite dans ces cellules où l'on peut tout juste se tenir debout, se compose : d'un lieutenant de vaisseau commandant du torpilleur, d'un second maître de manœuvre faisant fonctions de second, de quatre quartiers-maîtres mécaniciens, de quatre ouvriers mécaniciens, de deux matelots et un timonier, ensemble treize hommes. Aucune mâture ne surmonte le pont, où la circulation est d'autant plus difficile pour un non initié qu'il est percé d'ouvertures pour descendre dans les divers compartiments et de claires-voies pour les éclairer. On ne voit au-dessus que le ventilateur, les deux cheminées et une double guérite de forme bizarre qui est en quelque sorte le banc de quart du capitaine et le poste de mer du timonier.

C'est là qu'ils se tiennent en action de guerre, à peu près à l'abri des projectiles ennemis et pouvant interroger l'espace par des regards ménagés dans la guérite.

Ce poste-vigie, qui surmonte la chambre des torpilles, est le poste de combat du commandant; à sa droite est le cadran indicateur qui lui sert à transmettre ses ordres au mécanicien; devant lui et un peu au-dessous, le timonier tient la roue du gouvernail; en bas et un peu en avant se tient un homme prêt à faire fonctionner, au premier signal, l'appareil pneumatique servant à projeter la torpille.

Dans ces conditions de construction, et munis de machines presque silencieuses, qui leur permettent d'approcher de l'ennemi sans attirer son attention, les torpilleurs sont de merveilleux engins de destruction, d'autant qu'ils peuvent atteindre, à tirage forcé, une vitesse considérable, presque celle des trains express; mais ils sont horriblement fatigants pour l'équipage et présentent peut-être des inconvénients au point de vue de la sûreté des coups.

La lettre suivante d'un commandant de torpilleur à un de ses amis, donne une idée de ces inconvénients.

« Faire une traversée sur un torpilleur sous le beau soleil de la Méditerranée n'est pas chose effrayante ; mais ce qui est pénible aux forces humaines, c'est de supporter pendant longtemps cette existence sans nom, que l'on mène sur un de ces bâtiments. Le navire est dans un état de trépidation constant ; on est secoué non comme sur un bâtiment ordinaire, mais de la plante des pieds au sommet de la tête. On vibre, passez-moi l'expression, dans tout son être et on éprouve par le mauvais temps des sensations bien curieuses, incontestablement très désagréables.

« ... Le point important est de se rendre compte des conditions de combattre de ces excellents, mais point confortables petits bâtiments. De beau temps, rien de plus simple ; on se jettera à toute vitesse pour lancer la torpille. Mais de mauvais temps, que se passera-t-il ? Les cuirassés se tiendront debout à la lame ; leurs éclaireurs seront nécessairement écartés du gros des navires ; les torpilleurs tâcheront d'attaquer en courant vent de travers ; mais ils rouleront d'une façon insensée. Je me suis souvent posé la question : Lancerai-je ou ne lancerai-je pas ma torpille dans de pareilles conditions ? On a généralement une ou deux torpilles, et je serai très perplexe à la seule idée de perdre un de ces coûteux projectiles. Bah ! je crois que je lancerai, mais comme le canonnier qui tire au jugé, ce qui est un excellent moyen de brûler sa poudre aux moineaux. Tout cela donne beaucoup à réfléchir ; mais vous avez bien raison quand vous dites que plus nous aurons de torpilleurs, mieux cela vaudra, car on forme de rudes gaillards sur ces bâtiments, et je vous assure que, quand on les a maniés par gros temps et fréquemment, on n'a peur de rien, pas plus de la mer que de la responsabilité.

« J'ai entendu dire que la génération de la marine à

vapeur ne valait pas celle qui a *bourlingué* sur les bâtiments à voiles : du moins, c'est l'opinion des anciens; tenez pour sûr que les petits torpilleurs sont en train de former une génération de solides marins et surtout de solides officiers... »

Il nous reste à parler de la torpille dirigeable, merveilleux perfectionnement de la Whitehead; car une fois sortie du tube de lancement, qui est un vrai canon, dans lequel la poudre est remplacée par l'air comprimé, elle reste en communication avec l'opérateur au moyen d'un fil électrique qu'elle déroule en partant et dont le bout, resté à bord du navire torpilleur, permet de la diriger pendant tout le temps de sa course et même de la faire revenir à bord ou jeter l'ancre, quand elle a manqué son but, pour pouvoir la retrouver plus tard.

Cet appareil assez récent, qu'on appelle *Lay torpedo boat*, du nom de son inventeur, est décrit ainsi par le lieutenant-colonel Hennebert :

« Construit en tôle à chaudière, il affecte la forme d'un bateau-cigare (*cigarship*) de 7^{m},60 de longueur sur 0^{m} ,90 de diamètre; cette coque est peinte couleur vert d'eau. A l'arrière sont adaptés une hélice et un gouvernail; au-dessus, deux tiges en fer servent de supports à des fanions ou fanaux; au-dessous, un câble enfermant deux fils et mettant l'intérieur de l'appareil en communication avec l'opérateur. Deux ailerons, un de chaque bord, maintiennent, lors des submersions, la stabilité et l'équilibre du câble.

« Théoriquement, la torpille Lay se divise en quatre compartiments inférieurs : une chambre aux poudres, à l'avant; puis un réservoir à acide carbonique ; le logement du treuil sur lequel s'enroule le câble; la chambre aux machines, occupant tout l'arrière.

« Le réservoir, en fer forgé, se divise en un certain nombre de compartiments étanches qu'on emplit d'acide carbonique liquide. Le fonctionnement de l'appareil comporte un approvisionnement normal de 400 litres. Le treuil se prête à l'enroulement de 3 à 5 kilomètres.

« Les deux machines sont ; l'une, *motrice* ou propulsive; l'autre, *directrice*. La machine motrice est à deux cylindres oscillants, sollicités par le gaz acide carbonique.

« Ce gaz s'introduit méthodiquement dans la machine, du fait de la mise en activité d'une pile qui gouverne deux jeux d'électro-aimants. Mais ces organes — électro-

L'*Inflexible* lançant une torpille Whitehead.

aimants et pile — sont eux-mêmes, grâce à l'un des fils du câble, commandés par l'opérateur qui, ayant sous la main une pile de douze éléments Bunsen, peut *à volonté* faire passer, interrompre ou renverser un courant qui provoque ou arrête le jeu du mécanisme interne, ou même en change le sens. La machine directrice est à deux cylindres dont les pistons actionnent la barre. Cette manœuvre est également sous la dépendance de l'opérateur qui, moyennant l'emploi du second câble, peut mettre *à volonté* sur bâbord ou tribord, ou filer droit. »

On comprend que la torpille Lay est encore plus coûteuse que la Whitehead, mais son emploi peut cependant être économique, en ce sens qu'une torpille qui manque son but, ou du moins qui n'éclate pas, n'est point perdue et, ramenée au navire, peut être utilisée de nouveau.

Un dernier mot. Le tube pneumatique n'est pas indispensable au lancement des torpilles, automobiles ou dirigeables, et certains cuirassés anglais, notamment l'*Inflexible*, ont un système qui permet de les lancer de sur le pont même du navire.

Cela consiste en une sorte de trépied en fer fixé sur le bordage par deux de ses branches; à la troisième la torpille est suspendue en équilibre.

A un signal donné, l'appareil fait bascule et la torpille, chassée par le mouvement, s'échappe et se dirige vers le but qu'elle doit atteindre, en s'enfonçant dans l'eau à une profondeur déterminée à l'avance par l'inclinaison qu'on lui a donnée.

Evidemment, c'est moins exact que le tube pneumatique, que l'on peut pointer comme un canon; mais il est des circonstances, au milieu d'un combat, par exemple, où cela est parfaitement suffisant.

Voilà où en est la question des torpilles et il faut avouer que si la pratique répond à la théorie, pour la précision mathématique et l'emploi simplifié des torpilles de lancement — ce qui est assez discuté, mais ce que l'avenir seul nous apprendra — il n'y a rien à chercher après la torpille Lay.

Rien que ce que l'on cherche aujourd'hui, du reste, le bateau sous-marin qui la remplacera avec plus d'économie et plus de sûreté.

L. Huard.

www.ingramcontent.com/pod-product-compliance
Ingram Content Group UK Ltd.
Pitfield, Milton Keynes, MK11 3LW, UK
UKHW021057270726
13967UKWH00012B/2410

9 782012 78503